AF258669

JOURNAL

DU VOYAGE DE

M. SAINT-LUC DE LA CORNE, Écr.

DANS LE NAVIRE L'*AUGUSTE*, EN L'AN 1761

SECONDE ÉDITION

QUÉBEC
DES PRESSES MÉCANIQUES DE A. COTÉ ET Cie
1863

JOURNAL

DU VOYAGE DE

M. SAINT-LUC DE LA CORNE, ÉCR.

DANS LE NAVIRE L'*AUGUSTE*, EN L'AN 1761.

SECONDE ÉDITION.

JOURNAL

DU VOYAGE DE

M. SAINT-LUC DE LA CORNE, ÉCUYER,

Dans le navire l'*Auguste*, en l'an 1761 ;

Avec le détail des circonstances de son naufrage, des routes différentes qu'il a tenues pour se rendre en sa patrie, des peines et traverses qu'il a essuyées dans cette catastrophe affligeante.

PARTI de Montréal, le 27 septembre 1761, dans la goëlette la *Catiche*, capitaine Dussaut, en compagnie de mon frère le Chevalier, de mes deux enfants, mes deux neveux, et plusieurs autres officiers et soldats français ; nous nous rendîmes aux Trois-Rivières, le 28, d'où nous partîmes, et arrivâmes très-heureusement à Québec, le 29.

Le général Murray nous y reçut avec toute la politesse imaginable ; il n'épargna rien pour nous procurer une traversée agréable, nous fûmes comblés de promesses et d'effets de sa part : deux bâtiments seuls étaient destinés pour notre transport en Europe ; m'appercevant qu'ils n'étaient pas suffisants, ou du moins qu'il n'était pas possible d'y être commodément, vu le nombre de passagers, je proposai au général Murray, d'en acheter ou louer un à mon propre compte, ce qu'il me refusa par un motif de générosité, puisque deux jours après, le navire l'*Auguste* fut équipé pour cet effet ; j'obtins même la chambre du bâtiment moyennant cinq cents piastres d'Espagne que je payai au capitaine.

Le 11 octobre, après avoir consulté avec mon frère sur le danger auquel nous serions exposés, le capitaine n'étant point pilote, nous fîmes une visite au général Murray, pour obtenir qu'il nous fût permis d'engager un pilote de la rivière.

La réponse du général fut, que nous n'étions pas plus exposés que les autres, et expédia un petit bâtiment, avec ordre de nous escorter jusqu'au dernier mouillage de la rivière.

Un gros vent de nord-est nous retint trois jours dans la rade, d'où nous partîmes le 15, et nous rendîmes seulement au trou Saint-Patrice ; le lendemain 16, d'un vent de sud-ouest nous levâmes l'ancre, et nous arrivâmes environ à une lieue de l'Isle aux Coudres, où l'impétuosité des courants nous obligea de mouiller, et en même temps la grande ancre fut cassée ; le mouillage n'étant point favorable, peu s'en fallut que nous ne fussions jettés en côte. Nous fûmes à deux doigts du naufrage, mais il eût été avantageux, puisque nous étions encore sur les terres du Canada.

Nous partîmes le 17, et mouillâmes avec les deux autres pacquebots dans le bon mouillage de l'Isle aux Coudres, d'où nous ne pûmes sortir que le 27 ;

un vent de nord-est nous y retenait, nous consommâmes dans cet intervalle de temps la plus grande partie de nos provisions, et fûmes obligés d'en faire de nouvelles à gros frais. Un vent de sud-ouest survint à propos, nous nous rendîmes vis-à-vis de Camouraska, où noùs mouillâmes.

Le lendemain 28, le même vent continuant, l'officier qui était préposé pour nous escorter, retira des trois bâtiments les gardes qu'on y avait posées ; nous nous séparâmes, le vent était favorable. Nous continuâmes notre route en compagnie des deux autres paquebots, lesquels nous perdîmes de vue. Le 30 et 31, nous estimâmes avoir fait dans la nuit du 1 novembre, vingt-deux lieues.

Le pacquebot la *Jeanne* vint à nous le matin, et nous dit avoir parlé à un navire de Londres, commandé par le capitaine Benjamin Nulton, sans aucune particularité, et nous nous quittâmes.

Le 2 et 3 nous fimes route d'un vent de nord, jusques là nous ne pouvions nous plaindre de la navigation, elle nous présageait une traversée assez heureuse, aux incommodités de la saison près ; aussi jouissions-nous d'une tranquillité parfaite, lorsque le 4 s'éleva un vent de nord-est le plus impétueux. Les voiles carguées, le gouvernail saisi, voyant à tout instant nos sépulcres ouverts ; le tangage était si fort que les cordages qui arrêtaient nos malles cassèrent en partie, les taquets furent arrachés, aussi plusieurs furent estropiés ou blessés, par le dérangement et le culbutis des malles, valises, cassettes, etc.

Cette tempête dura depuis le 4 jusqu'au 6 ; on peut aisément imaginer la consternation des passagers, l'épuisement des forces d'un équipage qui, constamment pendant deux fois vingt-quatre heures, avait été exposé à la rigueur d'une si horrible et constante tempête. Que de vœux au Ciel ! que de promesses... Le dirai-je, combien de parjures ; mais l'Être Suprême exauça pour cette fois les prières que les bons lui offraient, et nous fûmes délivrés par sa main toute puissante, du péril que nous croyons inévitable.

Le calme succéda, et tous ensemble travaillâmes à réparer les différents échecs que le bâtiment avait soufferts. Nous avions oublié le danger, nous étions tous forts, chacun travaillait à qui mieux mieux ; et nous nous vîmes à peine tranquilles, qu'un nouvel accident nous mit à deux doigts de notre perte.

Déjà deux fois le bâtiment avait pris en feu par la cuisine ; mais nous avions arrêté l'effet de l'incendie avec beaucoup de facilité. Le 7, dans le temps de nos plus forts travaux, soit que pour nous donner des forces, le cuisinier se fût efforcé de faire cuire plus de mets, ou avec plus de célébrité, le feu prit pour la troisième fois, et nous fûmes prêts de tomber de Caribde en Scylle. Sans la diligence du capitaine, de l'équipage et des passagers, nous étions consumés par le feu dans le milieu de l'Océan.

Nous parvinmes, avec bien de la peine, à l'éteindre, mais le bâtiment en fut beaucoup endommagé : ce n'eût été rien jusqu'alors, mais nous étions réservés à de plus terribles coups.

Les cris des femmes qui étaient dans le bâtiment, les lamentations de plusieurs hommes, que la vue d'un danger aussi éminent avait épouvantés, répandit dans le cœur de tous, une terreur que nous ne pouvions dissiper ; et le défaut de nourriture avait épuisé nos forces.

Pendant tout ce temps nous fûmes obligés de vivre misérablement au biscuit, faute de pouvoir faire la cuisine, nourriture qui nous empêcha seulement de mourir ; en outre nous étions tous accablés du mal de mer, et réduits sur le grabat.

Après un calme de peu de durée, un vent d'est impétueux s'éleva, le 9, et nous conduisuit jusques aux Isles Driser : nous évitâmes l'Isle aux Oiseaux.

La tempête fut constante jusqu'au 11 à neuf heures du matin, après avoir découvert l'Isle de Terre-Neuve.

Le beau temps nous permit de jetter la sonde, et à notre instigation le capitaine le fit ; nous nous trouvâmes par les 43 brasses, sur le banc des Orphelins : quoique nous fussions bien extenués de fatigues, l'appas d'un rafraichissement nous excita à pêcher ; la pêche fut heureuse. Cet instant de calme nous avait, pour ainsi dire, fait oublier les dangers passés. Environ deux cents morues à bord, nous assuraient du moins de ne pas mourir ; car combien de vivres avaient été perdues dans ces différents contre-temps !

Ce moment de tranquillité fut bientôt dissipé ; un vent d'est avec une tourmente et une pluie des plus copieuse, nous jetta sans le savoir sur l'Isle Royale. Nous fûmes à deux doigts de notre perte : l'obscurité de cette nuit était telle, que nous découvrîmes un énorme rocher dans l'instant que nous allions nous briser contre. La diligence des marins, que la crainte d'un danger trop évident aiguillonnait, nous para ce coup, encore y eut-il autant de chance que de bien joué, puisque nous passâmes tout au plus à une portée de fusil du rocher, et fûmes obligés, pour éviter l'écueil, de courir toute la nuit la bordée au nord-est pendant cinq à six heures.

Le 12, sur les dix heures du matin nous vîmes la terre, et quelques efforts que nous fîmes pour nous élever, ils furent inutiles, étant trop affalés. Vers les deux heures, étant sur le point d'être portés en côte, le capitaine à nos instances jetta l'ancre, nous eûmes le bonheur de tenir. La même main qui nous avait garantis du premier naufrage voulut bien nous dérober au danger où la proximité de la terre, dans un parage aussi dangereux, devait nécessairement nous engager, à la faveur d'un vent propice. Nous nous élevâmes, et quittâmes un rivage sur lequel infailliblement nous serions péris.

Dans la nuit du 12 au 13, les vents tournèrent à l'est, nous doublâmes le cap, et courûmes une bordée au nord pendant quelques heures ; nous virâmes, et courûmes, dans la nuit du 13 au 14, une bordée dans le sud-est, et toutes les manœuvres se faisaient sans connaissance du lieu où nous étions, le temps demeurant constamment couvert, avec une pluie abondante.

Il est aisé d'imaginer quelle était notre consternation, l'incertitude de notre route, le défaut de nourriture, l'accablement d'un équipage qui consistait en quinze hommes, y compris même, capitaine, lieutenant, coq, mousses, dont deux étaient estropiés ; partie de nos soldats accablés de fatigue par les travaux continuels et les veilles (en ayant accordé six par quart au capitaine) : nous-mêmes harassés par les mêmes raisons, car pour la manœuvre chacun s'y prêtait autant qu'il était en son pouvoir, et quoi que nous n'y fussions pas bien experts, les marins n'en étaient pas moins soulagés, et nous moins accablés.

Du 14 au 15 nous vîmes encore les terres sans pouvoir les connaître, n'ayant que des cartes d'Europe ; nous les évitâmes, nous voguions ainsi au gré des vents et de l'orage ; la tempête augmentait, l'équipage dénué de force perdit courage, et prit la triste résolution de se mettre dans le hamac pour se reposer, résolution désespérée et qui lui coûta la vie.

Il ne nous restait aucun espoir de salut. Le capitaine et son second employèrent envers l'équipage, toutes les raisons plausibles pour les engager à faire un dernier effort ; toutes leurs remontrances furent inutiles, et le second, homme vigoureux, entreprit de les faire sortir de leur hamac à coups de bâton ; mais le tout fut inutile, l'équipage était déjà mort pour ainsi dire, la fatigue et l'aspect d'un naufrage certain les avaient anéantis.

Il remonta sur le pont avec la même fermeté, et dit au capitaine avec qui j'étais, et seulement sur le pont l'officier qui était à la barre, et un de mes domestiques : « Il n'est pas possible de manœuvrer, » notre mât de misaine est cassé, nos voiles sont » déchirées et ne peuvent ni être carguées, ni ame- » nées ; notre équipage est démonté, et attend dans » les bras d'un sommeil forcé, une mort certaine, » leur résolution est prise, quelques efforts que nous » fassions nous ne nous élèverons jamais ; il faut, » pour dernière ressource, faire côte. »

Nous voyons la terre des deux bords, et crûmes voir une rivière environ une demi-portée de canon. C'était un coup désespéré, le moment fatal arrivait, les capitaine et second me regardant avec un œil triste, joignirent les mains. Je ne compris que trop aisément la situation affligeante où nous étions. Je me tus, ce signe m'accabla ; mais je fus obligé d'abandonner mon flegme, lorsque le second dit au capitaine : « Nous n'avons point de temps à perdre, » plus de ressource, et pour éviter le plus grand » danger, il faut nécessairement faire côte à tribord. » Le danger était moins éminent, ou paraissait l'être ;

il semblait qu'il y avait plus d'apparence de nous sauver ; l'entrée de la rivière, si elle eût été navigable, nour offrait un port.

Le capitaine consentit, il ne pouvait faire mieux ; il connut que c'était la dernière ressource, et qu'il fallait nécessairement hasarder. Je ne connus le danger que lorsque le capitaine et le second m'ayant regardé, les mains jointes et l'œil mort, m'annoncèrent une perte prochaine. Je pris alors la résolution d'annoncer à nos passagers le parti désespéré, mais forcé, que les capitaine et second étaient obligés de prendre, il fallait le faire ; notre perte était certaine, et la main seule de la Providence pouvait nous conserver.

Je dis à mon frère notre triste situation, je descendis, et annonçai à tous nos passagers des deux sexes, le danger éminent. La résolution des chefs, le désespoir de l'équipage... Déjà le navire voguait vers la côte... Que de prières à l'Être Suprême, que de promesses, que de vœux ! Mais hélas, vaines promesses, vœux inutiles... Le moment fatal arrivait ; toute notre ressource était de trouver l'entrée de la rivière navigable ; mais chacun de nous regardait cet instant comme le dernier... Qui pourrait dépeindre l'impétuosité des vagues ; dans le moment notre navire échoua : combien de fois avant les bouts de nos mâts semblaient atteindre les nuées, et combien de fois nous crûmes nous engloutir dans les abîmes.

Echoué, notre première ressource fut de couper
mâts et cordage du côté le plus chargé du navire.
Il arriva; mais par l'impétuosité des vagues tourna
sur le côté. Nous étions environ à 120 ou 150 pieds
de terre, dans une anse de sable qui barrait cette
petite rivière, mais point d'eau.   L'échec que souf-
frit le bâtiment, obligea les passagers des deux sexes
de monter sur le pont ; plusieurs que le danger
épouvanta, croyant arriver heureusement à terre, se
jettèrent à l'eau et périrent.   Le navire était à moitié
plein.   L'autre partie se rangea à nos côtés, accro-
chés aux haubans et galaubans, tâchaient de résister
aux vagues qui se succédaient: plusieurs furent
enlevés.   Que pouvait-on attendre des hommes
exténués ?

Il nous restait pour ressource deux chaloupes.
Après avoir combattu, ou du moins soutenu contre
l'impétuosité des lames, cette lueur d'espérance
s'éclipsa en partie, la grande chaloupe fut enlevée
par une vague et absolument démembrée; et la petite
jettée en mer.

Un domestique de Mr. Laveranderie, nommé
Etienne se jetta dedans précipitamment, le capitaine
le suivit et quelqu'autres ; je ne m'en apperçus que
lorsqu'un de mes enfants que je tenais dans mes
bras, et le jeune Hery attaché à ma ceinture, me
dirent : «Sauvez-nous donc, la chaloupe est à l'eau.»
Je saisis alors, avec beaucoup de précipitation, un
cordage ; je me glissai jusqu'à une certaine portée,

et au moyen d'une secousse violente je m'élançai, et tombai heureusement dans la chaloupe ; mais je perdis alors mon fils et le petit Hery, ils n'eurent pas assez de force pour me suivre. Malgré que nous étions sous le vent du navire, un coup de mer remplit la chaloupe à peu de chose près ; une seconde vague nous éloigna du vaisseau : j'eus assez de présence d'esprit pour monter sur le bord, et dans l'instant la troisième vague me jetta sur le sable.

Il me serait assez difficile de dépeindre l'horreur de ma situation ; les cris de ceux qui avaient resté dans le navire, les efforts inutiles de ceux qui, dans l'espérance de se sauver, s'étaient jettés à la mer, la perspective de quelqu'autres qui, comme moi jettés sur le rivage, étaient sans connaissance ; un froid et une pluie abondante, la certitude de la mort de mes enfants, accablé de fatigue sur une plage inconnue.

Le capitaine étendu sur le rivage, fut le premier à qui je fus à portée de donner du secours ; je parvins à lui faire rendre quantité d'eau, il fut soulagé, mais il eut de la peine à revenir, son esprit était dérangé. Je m'empressai de secourir quelqu'autres, j'y parvins heureusement, mais lentement, mes forces étant épuisées. Nous restâmes seulement, vivants sur la grève, sept. Le capitaine, les nommés Laforêt, caporal du régiment de Roussillon, Monier, caporal du Bearn, Etienne, domestique, Pierre, domestique, Laforce, soldat congédié, et moi.

Ne voulant pas perdre de vue le bâtiment, je remis ma corne à poudre, batte-feu et pierre à fusil, que j'avais heureusement conservé, aux cinq hommes, afin de faire du feu à l'entrée du bois qui était à trois-quarts d'arpent du rivage ; ils ne purent jamais réussir, tant ils étaient saisis de froid et accablés par la fatigue, à peine eurent-ils le courage de venir me le dire. Je me rendis promptement, et parvins à faire du feu après bien des récidives. Il était temps, déjà ces pauvres gens ne pouvaient parler ni agir ; ils seraient infailliblement péris sans ce se-cours.

La chaleur rapella leur sens ; le capitaine, qui paraissait le plus affecté, revint à lui, et m'avoua qu'il était incertain du lieu où nous étions, que cependant il croyait que nous étions sur les terres de Louisbourg, et s'abandonna tout entier à mes soins ; la confiance qu'il parut avoir en moi, m'engagea à les continuer.

Nous fûmes jettés sur le rivage vers les deux ou trois heures après midi ; entre cinq et six, le navire vint se briser sur la côte, et nous vîmes le triste spectacle des corps morts, au nombre de 114, dont suivent les noms.

CAPITAINES : MM. Le Chevalier de la Corne, Bé-cancourt Portneuf.

LIEUTENANTS : MM. Varennes, Godefroy, Laveran-derie, Saint-Paul, Saint-Blain, Marole, Pecaudi de Contrecœur.

Enseignes *en pied* : Villebond de Sourdis, Groschaine Rainbaut, Laperière, Ladurantaye, Despervanche le jeune.

Cadets *à l'éguillette* : MM. La Corne de Saint-Luc, Chevalier de la Corne, La Corne Dubreuil, Senneville, Saint-Paul fils, Villebond fils.

Bourgeois : Paul Hery, François Hery, Léchelle, Louis Hervieux.

Mesdames de Saint-Paul, Mezière, Busquet, Villebond ; Mlles. de Sourdis, de Senneville, Mezière.

Un négociant anglais, nommé Delivier, le second, trois officiers, le maître-d'hôtel, huit matelots, deux mousses, le coq ou cuisinier.

Douze femmes, tant de bourgeois que de soldats.

Seize enfants, huit artisans ou habitants, trente-deux soldats.

Nous passâmes une nuit des plus tristes ; notre consternation était si grande que nous parlions à peine. Il semblerait que la fatigue aurait dû nous procurer le sommeil, au contraire il ne nous fut pas possible de fermer l'œil. Le 16 au matin, nous allâmes sur le rivage, où nous trouvâmes les corps de nos malheureux compagnons de naufrage ; partie étaient nuds, et s'étaient sans doute dépouillés pour se sauver à la nage plus aisément, d'autres avaient les jambes et autres membres cassés : nous passâmes la journée à rendre les devoirs funèbres, autant que notre triste situation et nos forces le permettaient.

Il fallut nous résoudre à quitter ce lieu où nous avions toujours présent le spectacle de la mort. Le 17, après avoir recuilli sur la grève quelques provisions, nous nous chargeâmes de vivre seulement pour huit jours, à l'exception des soldats qui, se croyant moins éloignés des pays habités, prirent seulement des vivres pour trois ou quatre jours, et malgré nos représentations se chargèrent de quelques effets qui leur devinrent inutiles, ayant été obligés de les jetter au bout de trois ou quatre jours. J'eus beau leur remontrer que j'avais trop d'expérience pour ne pas craindre les peines et les fat'gues que je prévoyais que nous allions essuyer : ils furent sourds, l'avidité du butin les éblouit.

Nous partîmes à la bonne aventure, ne sachant où nous étions, ni où nous allions : nous marchâmes pendant quatre jours au travers des rochers escarpés, dont l'aspect hideux nous saisissait, des bois dont l'obscurité nous effrayait, des rivières dont la rapidité nous arrêtait, des montagnes dont la difficulté de les escalader nous rebutait.

Le 21, pour comble de disgrace, la neige couvrit la terre ; nos vivres, malgré notre ménagement, diminuaient, les forces s'épuisaient par une marche aussi pénible. La résolution manquait, et trois des nôtres, exténués par le peu de nourriture, accablés de fatigues, proposèrent de rester, et de préférer une mort prochaine à des peines dont ils ne pouvaient prévoir la fin.

Je parvins, par les remontrances que je leur fis, et par les espérances que je leur donnais de voir finir notre misère, à les faire marcher, et nous arrivâmes le 25 à *Niganiche*, où nous trouvâmes quelques petites maisons abandonnées, dans lesquelles étaient deux hommes morts.

Il semblait que la mauvaise fortune ne se fatiguait pas de nous poursuivre : le nommé Etienne tomba malade d'une pleurésie, je ne trouvai d'autres remèdes que la saignée, que je réitérai six fois dans la nuit, avec la pointe d'un couteau : je le fis suer trois fois, et par ce moyen hasardé il se trouva bien soulagé ; trop faible cependant pour continuer la route.... il fallait nécessairement le laisser. Le nommé Monier s'offrit de rester avec lui ; il n'était pas si malade, mais pour le moins autant fatigué et rebuté.

Nous les quittâmes le 26, après les avoir assurés que du premier lieu habité que nous trouverions, je leur ferais donner tous les secours nécessaires, et que je n'épargnerais rien pour les envoyer chercher. Je leur laissai environ quatre livres de farine, deux poulets cuits, environ une livre et demie de lard, et une demi-livre de biscuit écrasé, sans chaudière, mais avec un gobelet d'argent.

Il était tombé dans la nuit dix à douze pouces de neige ; mais cela ne nous arrêta pas. Ces cabanes nous faisaient espérer de rencontrer quelque chose de mieux, mais la neige nous cachait les chemins ; aussi eûmes-nous beaucoup à souffrir, surtout par la quantité de rivières très-difficiles à passer. Aucun n'osait se hasarder le premier, j'avais toujours la préférence, et souvent j'étais obligé de retourner chercher leur paquet pour les engager à me suivre, hors le capitaine qui se reposait entièrement sur moi, qui n'avait de volonté que la mienne. Les autres juraient mille fois qu'ils étaient disposés à périr, plutôt que de continuer une route aussi fatiguante. Ils étaient démontés au point, que j'étais obligé de leur faire des souliers, et souvent attacher leur paquet.

Nous continuâmes notre marche dans les bois et les montagnes jusqu'au 3 de décembre, et arrivâmes à la baie de Sainte-Anne sans savoir où nous étions. Nous n'étions plus que cinq : nous trouvâmes une chaloupe au nord de la rivière, abandonnée depuis très-longtemps en apparence, elle était échouée sur une pointe de sable. Cette découverte ranima notre espérance, mais nous fûmes moins gais quand nous nous aperçûmes qu'il lui manquait trois bordages, et était presque pourrie.

Il ne nous restait d'autre parti que de travailler à la mettre en état pour faire la traverse, qui a environ deux cens brasses ; le capitaine plus expert nous fut d'un grand secours. Nous campâmes sur cette pointe, et travaillâmes de toutes nos forces pour la réparer, lorsqu'à peine l'ouvrage fut fini, qu'un coup de nord-est, accompagné d'une neige abondante, nous réduisit dans une triste extrémité, nous faillîmes périr de froid, n'ayant que quelques douelles de barriques que nous avions pour nous chauffer : feu que l'abondance de la neige éteignait à chaque instant.

Dans une circonstance aussi désagréable, la disette de vivres comblait la mesure de nos infortunes ; nous ne mangions par jour qu'une once et demie de mauvais aliments, à cela près que nous trouvions quelquefois des graines rouges que l'on appelle grate-cul, et des feuilles de mer appellées baudy, nourriture qui nous affaiblissait en calmant notre faim.

Le 4, la tempête calmée, nous trouvâmes notre chaloupe engloutie dans la neige : nous fîmes des efforts extraordinaires pour la mettre à l'eau, nous y réussîmes ; mais cela ne nous servit à rien, puisque le capitaine qui jusqu'à ce moment avait fait bonne contenance, déclara ne pouvoir aller plus loin, tant par faiblesse que parce que les douleurs qu'il souffrait, ses jambes étant toutes déchirées et ulcérées, lui causaient une fièvre extraordinaire. Les trois français à peu-près aussi malades, applaudirent à cette résolution ; et me trouvant seul, je fus, quoique bien moins affaibli, obligé de consentir à rester avec eux : je ne voulus pas les abandonner, et nous attendions la providence, lorsque quelques instants après avoir pris ce parti désespéré, vinrent à nous deux sauvages : les cris de joie de nos gens me les annoncèrent ; ils coururent entre leurs bras, les pleurs les empêchaient de parler ; on n'entendait que des voix sépulcrales, entrecoupées de sanglots, qui articulaient mal ces mots : *Ayez pitié de nous.*

Je fumais, tranquille spectateur d'une scène aussi triste ; nos gens me nommèrent, et dirent que je les avais conduits jusques là, mais qu'ils n'avaient plus la force de me suivre. Les deux sauvages vinrent à moi, me donnèrent la main, et ne me reconnurent que longtemps après, tant la longeur de la barbe et la maigreur m'avaient défiguré. J'avais été favorable à ces nations en plusieurs occasions, aussi en fus-je très-bien accueilli.

Je m'informai à quelle distance nous étions de Louisbourg, ils me répondirent que nous en étions à trente lieues, et qu'ils allaient me conduire à Saint-Pierre. J'acceptai d'un grand cœur cette proposition, et pris la précaution de faire traverser le capitaine et les trois français de l'autre côté de la rivière, où après leur avoir fait un bon feu, et leur avoir laissé le peu de farine et de lard qui nous restait ; quantité qui aurait pu servir à faire un repas frugal, je partis avec les deux sauvages pour aller à leur cabane, dans la baie, distante d'environ trois lieues d'où nous étions.

J'y fus très-bien reçu ; ils me firent part du peu de viande qu'ils avaient, qui n'était que de la viande sèche, mais ils m'en donnèrent suffisamment pour deux jours.

Je repartis le 5 au matin avec mes deux sauvages, vins retrouver mes gens : nous avions amené deux petits canots d'écorce, nous nous mîmes en route pour Saint-Pierre. Nous doublâmes très-heureusement le cap de Sainte-Anne d'un gros vent de nord-est, et nous entrâmes dans la baie de La Brador, où par la tempête, la neige et la pluie, nous fûmes dégradés pendant deux jours et demi, et consommâmes toute la viande sèche que les sauvages nous avaient donnée.

Nous nous rendîmes enfin, le 8 à minuit, à Saint-Pierre, où étaient seulement cinq cabanes d'Acadiens, qui contenaient en tout dix hommes. Dès l'instant j'expédiai les deux sauvages pour aller au secour des deux pauvres français que j'avais laissés à *Niganiche;* je leur donnai vingt louis d'or, quatre-vingt livres de farine, cinquante livres de lard, du tabac, de la poudre, du plomb, une tasse d'argent, et bien d'autres choses que j'avais : ils me promirent qu'ils feraient toute la diligence possible ponr leur sauver la vie ; mais malgré tous mes soins, je craignais qu'ils ne les trouvassent pas vivants.

Nous restâmes deux jours et demi à nous reposer, et à nous fournir des vivres. Je me décidai le 11 à écrire au gouverneur de l'Isle-Royale. Je lui donnai avis de notre naufrage sans beaucoup de détail. Je lui témoignais le désir de profiter de la dernière saison pour traverser de l'Isle-Royale aux terres de l'Acadie, pour de là faire mes efforts, et employer tous les moyens pour me rendre à ma patrie. Pour preuve de ce que j'avançais dans ma lettre, j'envoyai le capitaine du navire, deux soldats français, La Forêt et Laforce, et leur donnai pour conducteurs deux acadiens. Le capitaine à l'instant de notre séparation, me témoigna sa sensibilité, il eût désiré que j'eusse fait la même route ; il fit plusieurs instances pour m'engager à le suivre, et pour y réussir il employa tous les moyens possibles. La difficulté de parvenir en Canada, dans une saison aussi dure, fut employée ; mais représentations inutiles, mon parti était pris, j'avais trop essuyé de malheurs pour m'exposer à de nouveaux. Je partageai avec lui neuf guinées qui me restaient, il me parut très-sensible à ma bienviellance, mais j'étais autant flatté de lui rendre service que lui de les recevoir.

La proposition que je fis aux Acadiens, de traverser, les épouvanta, et je ne réussis à les engager à venir avec moi qu'à force d'argent. Je raccommodai un petit canot d'écorce, l'appas de 25 louis tenta deux jeunes gens, et nous embarquâmes quatre dans le canot, compris le nommé Pierre, sauvé ainsi que moi du naufrage.

Le 12, nous fûmes coucher chez le nommé Abraham, de l'autre côté du portage Saint-Pierre.

Le 13, dans la nuit, le temps devint calme, aussi nous embarquâmes pour faire la traverse, et arrivâmes heureusement à Cheda-Bouctou, chez le nommé Joseph Maurice, où il y avait seulement neuf cabanes d'Acadiens. Je me transportai avec autant de promptitude qu'il me fut possible dans le fond de cette baie, où étaient quelques sauvages, auxquels je fis faire des raquettes, et nous en partîmes le 15. Nous marchâmes trois jours, au bout duquel temps nous arrivâmes chez le nommé Jacques Côté à *Pommiquet,* où étaient seulement cinq maisons d'Acadiens. Je fus obligé de laisser, dans cet endroit, le nommé Pierre, lequel ne pouvait plus aller en raquette.

Nous arrivâmes le 18 à Artigongné, où nous trouvâmes cinq cabanes de sauvages qui mouraient pour ainsi dire de faim, et nous n'étions pas chargés de vivre. Là je pris deux guides pour me conduire à Pieton; le froid était si excessif que nous ne nous rendîmes qu'au bout de trois jours, malgré que la route ne fût pas longue. Nous ne trouvâmes pas de meilleurs hôtes, ils jeunaient tous.

Nous en partîmes le 21, et suivîmes le long de la mer jusqu'à Tectemigouche, où nous arivâmes bien fatigués le 24. J'y séjournai pour me délasser, et le 5 janvier 1762, j'expédiai deux courriers au commandant du fort Cumberland; je lui représentai la dure nécessité où m'avait reduit le naufrage et le chemin que j'avais fait dans une saison aussi dure, et le priai de m'envoyer quelques vivres pour pouvoir me rendre à son fort.

Nous étions exténués de fatigue et de jeûne; nos estomacs avides digérèrent aisément la viande dégoutante d'un renard maigre que nous tuâmes le 6, il n'en resta que les os; mais nous reprîmes nos sens le 7. Un sergent anglais commandait un détachement de 12 à 15 hommes à la Baie-Verte, cet honnête-homme ayant appris notre situation, m'envoya une bouteille d'eau-de-vie, du lard et de la farine cuite ; cette nourriture nous donna des forces, nous nous rendîmes vers midi à son poste.

Nous y fûmes reçus très-poliment ; cet homme généreux nous fit part avec abondance des douceurs qu'il avait pour lui-même. Je fus sensible autant que je devais l'être à son accueil gracieux. Je partis vers les deux heures pour me rendre au fort ; j'avais encore cinq lieues, chemin bien loin pour un quelqu'un fatigué ; mais heureusement le commandant du fort Cumberland avait expédié sa cariole conduite par un soldat et un de mes courriers, munie de rafraîchissement. Alors je me résolus à coucher dans le bois ; la fatigue m'y obligeait, et les bons vivres m'engagèrent à prendre un repos que j'avais perdu depuis longtemps. Je repartis le lendemain en carriole, et me rendis au fort. Je fus flatté de l'accueil que l'on me fit ; le commandant, ses officiers, les bourgeois et marchands me témoignèrent leur sensibilité pour les pertes que j'avais faites dans ce naufrage, et leur joie de ce que j'en étais heureusement sauvé. Le commandant, dont le nom est Benoni Danhs, me fit donner une chambre, me procura toutes les douceurs que l'on pouvait désirer dans le lieu. Je ne manquai de rien, nécessaire et même utile, autant qu'il put me le fournir. Je partis de ce fort comblé de bienveillance, et pénétré de reconnaissance, le 14, avec une provision de vivres pour quinze jours, lesquels me suffirent pour me rendre chez le Père Germain à Haute Paques, où nous arrivâmes le 29 par les portages de Miramigouchir, Miniagouche, et par Peshoudiar. Nous suivîmes cette rivière pendant trois jours ; il était temps, car les raquettes et les vivres nous manquaient, et par conséquent les forces. Le Père Germain n'avait d'autres vivres que du bled-dinde ; il m'en donna deux boisseaux, qui joints à quelque peu de lard qui nous resta des dons du commandant du fort Cumberland, nous engagèrent à nous mettre en route. Nous partîmes de chez le Père Germain le 2 février, et nous suivîmes la rivière Saint-Jean jusqu'au Grand-Sault, et de là nous passâmes par le portage de Themiscouata, où je fus obligé de laisser les deux acadiens mes compagnons de voyage, et me rendis promptement à Kamouraska, d'où j'envoyai une carriole les chercher.

La longueur du chemin, son incommodité, le peu de vivres, une marche continuelle sans quitter la raquette, les avait exténués. Nous arrivâmes à Québec le 23, mais avec moins de fatigue. Les voitures et les vivres étaient en abondance.

Alors je rendis compte à son Excellence le Général Murray, et lui fis ma déclaration du naufrage. Je me mis en route pour Montréal, où étant arrivé le 24, je rendis également compte au Général Gage ; et remis à M. le Major Dezeney, copie de mon Journal.

Il serait difficile de raconter les peines et les fatigues que j'ai essuyées ; l'idée du naufrage se dissipait par les difficultés que je rencontrais pour revoir ma patrie. J'avoue que plus je me représente les circonstances de mon naufrage et de ma conservation, plus je m'étonne.

Les détours que je fus obligé de faire me font croire avoir fait au moins cinq cent cinquante lieues dans la plus rude saison, et dénué de secours. Je voyais mes guides et compagnons, tant sauvages qu'acadiens, hors d'état après huit jours de marche et souvent moins, de continuer leur route. Pendant ce temps je jouis d'une santé parfaite, et j'ai craint qu'elle ne fût altérée ; mais j'ai heureusement resisté à tant de fatigues, et si j'eusse eu des guides aussi vigoureux, il ne m'en eût pas coûté autant, puisque j'ai consommé pour cet objet cent trente louis ; et je me serais rendu plus promptement,

Je n'ai point entendu donner une relation ampoulée de mon naufrage et des suites, j'ai raconté uniment et sans embellir toutes les circonstances ; aussi je ne me donne point pour auteur, la vérité n'a pas besoin d'être ornée.

A la Nouvelle-York, le 28 mars 1762.

Monsieur,

Il y a huit jours que j'ai reçu votre lettre, datée le 3 du courant. Je ne puis assez vous remercier de la peine que vous avez bien voulu prendre en m'envoyant votre Journal ; autant me sera-t-il difficile de vous exprimer le chagrin que j'ai eu en recevant la nouvelle de votre triste et malheureux naufrage. La perte de nos propres gens et officiers n'a pas pu me donner plus de regret que j'en ai eu dans cette affreuse occasion. Soyez persuadé, monsieur, que je me ferai un vrai plaisir de rendre votre sort le moins fâcheux autant que les circonstances peuvent le permettre, et que je ferai tout ce qui dépendra de moi pour l'adoucir. Le pauvre colonel Schuyler n'est plus ; j'ai parlé à M. Bayard, qui m'assure que la somme qui vous est due a été remise à M. Franks, à Londres, et M. Bayard doit vous écrire à ce sujet ; je ferai de même à M. le général Gage. Je serai charmé en tout temps de vous convaincre de la parfaite considération avec laquelle j'ai l'honneur d'être,

Monsieur,

Votre très-humble et

très-obéissant serviteur,

Jeff. AMHERST.

A M. de Saint-Luc La Corne,
à Montréal.